Bibliografische Information der Deutschen Nationalbibliothek:

Die Deutsche Bibliothek verzeichnet diese Publikation in der Deutschen National-bibliografie; detaillierte bibliografische Daten sind im Internet über http://dnb.d-nb.de/ abrufbar.

Impressum:

Copyright © 2016 GRIN Verlag
Druck und Bindung: Books on Demand GmbH, Norderstedt Germany
ISBN: 9783668173613

Dieses Buch bei GRIN:

https://www.grin.com/document/317884

Jonas Stecher

Würfelspiel "Mäxchen". Ein didaktisches Konzept für den Stochastik-Unterricht

GRIN Verlag

GRIN - Your knowledge has value

Der GRIN Verlag publiziert seit 1998 wissenschaftliche Arbeiten von Studenten, Hochschullehrern und anderen Akademikern als eBook und gedrucktes Buch. Die Verlagswebsite www.grin.com ist die ideale Plattform zur Veröffentlichung von Hausarbeiten, Abschlussarbeiten, wissenschaftlichen Aufsätzen, Dissertationen und Fachbüchern.

WÜRFELSPIEL „MÄXCHEN"

Ein didaktisches Konzept für den Stochastik-Unterricht

Seminararbeit zum
Seminar Stochastik

Wintersemester 2015/16

Erstellt von
Jonas Stecher

LEOPOLD-FRANZENS-UNIVERSITÄT INNSBRUCK

FAKULTÄT FÜR MATHEMATIK
UND INFORMATIK

Januar 2016

Inhaltsverzeichnis

1 Einleitung / Expose

Im Schulunterricht kann die Wahrscheinlichkeitstheorie besonders gut anhand von Spielen verständlich gemacht werden. So sind beispielsweise Würfelspiele generell weit verbreitet und damit das Zufallsexperiment des Würfelns bekannt. In dieser Arbeit werden verschiedene wahrscheinlichkeitstheoretische Sachverhalte nach dem exemplarischen Prinzip am Würfelspiel „Mäxchen" behandelt.

1.1 Das Würfelspiel „*Mäxchen*"

Das Spiel „*Mäxchen*" ist ein Würfelspiel, bei dem mit zwei Würfeln gewürfelt wird. Das Spiel ist auch unter den Namen „*Lügen*", „*Mexiko*" und „*Einundzwanzig*" bekannt. [6]

Die Spielregeln:
Bei dem Spiel, das gerne auch als „Trinkspiel" gespielt wird, können beliebig viele Spieler teilnehmen. Gespielt wird im Uhrzeigersinn. Es wird mit einem Würfelbecher, einem Untersetzer und zwei Würfeln verdeckt gewürfelt. Der stets zweistellige Wurfwert wird ermittelt, indem die größere Augenzahl der beiden Würfel als Zehnerstelle und die kleinere als Einerstelle gesetzt wird. Die Reihung der Würfelwerte erfolgt folgendermaßen:
31, 32, 41, 42, 43, 51, 52, 53, 54, 61, 62, 63, 64, 65, 11 , 22, 33, 44, 55, 66, 21.
Ein Ergebnis mit zwei gleichen Augenzahlen wird „*Pasch*" genannt. Das beste Ergebnis, die 21 wird „*Mäxchen*" genannt. Der Würfelnde muss „versuchen" ein höherwertiges Ergebnis zu würfeln als sein Vorgänger. Er kann dann den Becher ankippen um den Wurf zu sehen. Dann muss er den Wurf verdeckt an den nächsten Spieler weitergeben. Dabei muss er den Mindestwert des Wurfes ansagen. Da das Ergebnis des Vorgängers überboten werden muss, muss der Würfelnde notfalls lügen. Der nächstfolgende Spieler hat nun folgende Wahl:

- Er **glaubt** dem Vorgänger: Er würfelt ohne das Ergebnis gesehen zu haben. Er muss dabei wiederum den Vorgänger überbieten, also ein besseres Ergebnis erzielen bzw. lügen.

- Er **zweifelt** das Ergebnis an, bezichtigt den Vorgänger also der Lüge. Dann darf er den Becher anheben um das Ergebnis aufzudecken. Ist das Ergebnis besser oder gleich dem angesagten Wert, dann wird er bestraft. Ist das Ergebnis aber geringer als der angesagte Wert, dann wird der Vorgänger, also der Lügner „bestraft".

Erhält ein Spieler also die Würfel mit der Ansage „*Mäxchen*" so bleibt ihm nur die Möglichkeit zu zweifeln. Er muss also überprüfen, ob wirklich ein Mäxchen erwürfelt wurde. [6]

1.2 Fragestellungen

Würde das Spiel „sehr oft" gespielt werde, so würde ein Spieler mit einer besseren Strategie seltener „bestraft" werden als die anderen. Es steht außer Frage, dass ein Teil der Strategie natürlich darin liegt, „Lügner" an Tonfall und Körpersprache zu erkennen. Andererseits aber gibt es auch eine wahrscheinlichkeitstheoretische Strategie, um das Risiko, „bestraft" zu werden zu minimieren. So stellt sich beispielsweise die zentrale Frage:

Ab welchem Ergebnis ist es nicht mehr sinnvoll, neu zu würfeln?

Die Begriffe und die Theorie dazu können erarbeitet werden, indem Antworten auf verschiedene Impulsfragen gesucht werden, z.B:

- *Wie wahrscheinlich sind die verschiedenen Ausgänge? Ist die Wahrscheinlichkeit höher für einen 6-er Pasch oder für das „Mäxchen"?*

- *Wie hoch ist die Wahrscheinlichkeit, dass ich nach dem Würfeln lügen muss?*

- *Mein Vorgänger beginnt die Runde. Wie hoch ist die Wahrscheinlichkeit, dass ich als 2. Würfler bereits „lügen" muss?*

In der vorliegenden Arbeit werden Situationen aus dem Würfelspiel sowohl wahrscheinlichkeitstheoretisch modelliert, als auch mit dem Programm R simuliert.

2 Einführung der Begriffe in der Schule

In diesem Abschnitt werden wir das Spiel sukzessive modellieren. Im Zuge dessen tauchen neue wahrscheinlichkeitstheoretische Begriffe auf, die dann anhand des Beispieles eingeführt werden können.

2.1 Zufallsexperiment

Zu Beginn wird der Begriff des Zufallsexperiment eingeführt. Dabei handelt es sich um einen zufälligen Vorgang, bei dem folgendes zutrifft: [2]

- Die Versuchsbedingungen sind genau festgelegt.
- Die Menge aller möglichen Ausgänge (Ω) ist im Vorhinein bekannt. Der Ausgang selbst aber unbekannt.
- Das Experiment kann beliebig oft unter den selben Versuchsbedingungen wiederholt werden.

Als einleitendes Zufallsexperiment kann in der Schule das Würfeln mit einem und dann mit zwei Würfeln ausprobiert werden. Das Experiment verdeutlicht, dass die Grundmenge Ω festgelegt und bekannt ist. Ebenso wird den Schülern[1] schnell klar, dass trotz der selben Versuchsbedingungen der Ausgang unbekannt ist.

Anhand von Strichlisten über die Ausgänge des Zufallsexperimentes können auch die Begriffe **absolute** und **relative Häufigkeit** eingeführt werden.

2.2 Wahrscheinlichkeitsraum

Zu Beginn wird auf den Wurf eines eines Würfels eingegangen. Dieser kann mit einem Laplace-Raum ($\Omega = \{1, ..., 6\}$, $\mathcal{F} = 2^\Omega$, $P = \mathcal{U}_\Omega$) modelliert werden. In der Schule reicht es aber aus, von der **Grundmenge** Ω und ihren Teilmengen und dem **Wahrscheinlichkeitsmaß** zu sprechen.

Der Begriff „Wahrscheinlichkeit" ist bei den meisten Schülern aus dem Alltag bereits bekannt. Hier kann die Wahrscheinlichkeit als *subjektives Vertrauen* angesprochen werden. Mit dieser Art von Wahrscheinlichkeit wird auch „Mäxchen" gespielt. Die Wahrscheinlichkeit wird aus Erfahrungswerten und dem „Verhalten" des Vorgänger-Spielers subjektiv eingeschätzt.

Das Wahrscheinlichkeitsmaß wird nun aber *frequentistisch* interpretiert: Wird das Zufallsexperiment „sehr oft" durchgeführt, so geht die relative Häufigkeit eines Ereignisses konvergenzartig gegen seine Wahrscheinlichkeit. Dies kann durch ein *Sampling* anschaulich gemacht werden (siehe Abschnitt 4.1). Wird „oft" gewürfelt, so wird der relative Anteil jedes Ausgangs etwa 1/6 betragen. Jeder der 6 möglichen Ausgänge ist also gleich wahrscheinlich (diskrete Gleichverteilung).

---

[1]Mit „Schüler" sind in Folge ausdrücklich beide Geschlechter gemeint

Für eine Teilmenge $B \subseteq \Omega$ gilt also:

$$\mathbb{P}(B) = \frac{|B|}{|\Omega|} \text{ mit } |\Omega| = 6$$

Dieser vereinfachte Wahrscheinlichkeitsraum reicht zunächst aus, um das Wahrscheinlichkeitsmaß und seine Eigenschaften einzuführen:

- $\mathbb{P}(\Omega) = \frac{|\Omega|}{|\Omega|} = 1$

- Additivität und insbesondere $\mathbb{P}(\emptyset) = 0$

Darauf aufbauend wird der Wurf mit zwei Würfeln modelliert. Dass es sich dabei um einen Produktraum von 2 solchen Wahrscheinlichkeitsräumen $(\Omega = \{1, ..., 6\}^2, \mathcal{F} = 2^\Omega, P = \mathcal{U}_\Omega)$ handelt, muss in der Schule nicht erwähnt werden. Statt dessen wird die Grundmenge als Menge aller möglicher Ausgänge folgendermaßen angepasst:

$$\Omega = \{(\omega_1, \omega_2) : \omega_1, \omega_2 \in \{1, ..., 6\}\} =$$
$$= \{(1,1), (1,2), (1,3), (1,4), (1,5), (1,6)$$
$$(2,1), (2,2), (2,3), (2,4), (2,5), (2,6)$$
$$(3,1), (3,2), (3,3), (3,4), (3,5), (3,6)$$
$$(4,1), (4,2), (4,3), (4,4), (4,5), (4,6)$$
$$(5,1), (5,2), (5,3), (5,4), (5,5), (5,6)$$
$$(6,1), (6,2), (6,3), (6,4), (6,5), (6,6)\}$$

Der Begriff der Unabhängigkeit wird hier kurz erwähnt. Die Unabhängigkeit der beiden Würfe kann intuitiv verstanden werden: Der Ausgang des einen Würfels beeinflusst jenen des anderen nicht. Da die Wahrscheinlichkeit für jede Augenzahl jedes Würfels gleich ist, ist in diesem Fall die Wahrscheinlichkeit für jedes Paar gleich. Man sollte sich zwei verschieden markierte Würfel (z.B. Würfel 1: blau, Würfel 2: rot) vorstellen, um die Ereignisse mit umgekehrten Augenzahlen als verschiedene Ereignisse zu identifizieren.

2.3 Zufallsvariable

Zur weiteren Modellierung bedarf es des Begriffs der Zufallsvariable. Dieser Begriff kann in der Theorie für Schüler etwas abstrakt erscheinen. An diesem Würfelspiel wird er aber relativ einfach begreifbar. Es ist nämlich nicht das Ereignis (Augenzahlen der beiden Würfel) an sich von Interesse, sondern eine diesem zugeordneter Wurfwert als „Punktezahl". Daher wird beim Spielen an sich bereits (wohl unbewusst) mit einer Zufallsvariable gearbeitet. Die Zufallsvariable X ist eine Funktion, welche jedem Elementarereignis (Wurf) eine reelle Zahl (Wurfwert) zuordnet:

$$X : \Omega \to \mathbb{R} :$$
$$(\omega_1, \omega_2) \mapsto \max(\omega_1, \omega_2) \cdot 10 + \min(\omega_1, \omega_2)$$

Die 36 verschiedenen Wurfkombinationen werden durch diese Zufallsvariable auf 21 verschiedene Wurfwerte abgebildet. Diese sind in folgender Tabelle dargestellt:

	1	**2**	**3**	**4**	**5**	**6**
1	11	21	31	41	51	61
2	21	22	32	42	52	62
3	31	32	33	43	53	63
4	41	42	43	44	54	64
5	51	52	53	54	55	65
6	61	62	63	64	65	66

Die Tabelle ist symmetrisch, d.h. alle Wurfwerte mit unterschiedlichen Ziffern können jeweils durch zwei verschiedene Wurfkombinationen erzielt werden. Die Wurfwerte mit gleichen Ziffern, sogenannte *Paschs* dagegen können nur durch eine Kombination erreicht werden.

So ist beispielsweise für das Erzielen einer 31 irrelevant, ob der rote Würfel auf eine 3 und der blaue auf eine 1 fällt. Die Wahrscheinlichkeit für verschiedenziffrige Würfelwerte errechnet sich beispielsweise wie folgt:

$$\mathbb{P}(X = 31) = \mathbb{P}(X^{-1}(\{31\})) = \mathbb{P}(\{(3,1)\} \cup \{(1,3)\}) = [\sigma\text{-Addtitivität}]$$

$$= \mathbb{P}(\{(3,1)\}) + \mathbb{P}(\{(1,3)\}) = \frac{1}{36} + \frac{1}{36} = \frac{1}{18}$$

Die Wahrscheinlichkeit für gleichziffrige Würfelwerte (*Paschs*) errechnet sich dagegen wie folgt:

$$\mathbb{P}(X = 11) = \mathbb{P}(X^{-1}(\{11\})) = \mathbb{P}((1,1)) = \frac{1}{36}$$

Hier wird den Schülern verdeutlicht, dass die Wahrscheinlichkeit für ein *Mäxchen* doppelt so hoch ist wie jene für einen der *Paschs*.

Aus der Tabelle kann man auch ersehen, dass ein Wurfwert mit einer höheren 10-er Stelle wahrscheinlicher ist als ein solcher mit einer niedrigeren. Die Wahrscheinlichkeit, irgend einen 60-er Wert zu würfeln beträgt beispielsweise:

$$\mathbb{P}(\text{„60-er"}) = \mathbb{P}(X^{-1}(\{61, 62, 63, 64, 65, 66\})) = \mathbb{P}(X^{-1}(\{61\}) \cup ... \cup X^{-1}(\{66\})) =$$

$$= \mathbb{P}(X^{-1}(\{61\})) + ... + \mathbb{P}(X^{-1}(\{66\})) = 5 \cdot \frac{1}{18} + \frac{1}{36} = \frac{11}{36}$$

Die Wahrscheinlichkeit für irgend einen 40-er Wert dagegen beträgt nur:

$$\mathbb{P}(\text{„40-er"}) = \mathbb{P}(X^{-1}(41, 42, 43, 44)) = \mathbb{P}(X^{-1}(41) \cup ... \cup X^{-1}(44)) =$$

$$= \mathbb{P}(X^{-1}(41)) + ... + \mathbb{P}(X^{-1}(44)) = 3 \cdot \frac{1}{18} + \frac{1}{36} = \frac{11}{36}$$

Diese Sachverhalte können wiederum durch mehrmaliges Würfeln erprobt werden. Im Sinne der Lerntheorie des *„Conceptual Change"* kann hier bei den

Schülern das Interesse geweckt werden (siehe Abschnitt 3.2).
An dieser Stelle können der Umgang mit der Additivität des Wahrscheinlichkeitsmaßes geübt und zugleich einige Fragestellungen zum Spiel geklärt werden. (z.b: Ist höher die Wahrscheinlichkeit für irgend einen Pasch oder für irgend einen 60-er Wert?)

2.4 Eigenschaften nominal, ordinal und reell

Im Spiel sind diese Wurfwerte nun aber nach einer „*Rankingskala*" geordnet. Dies bietet die Möglichkeit, die Begriffe **nominal**, **ordinal** und **reell** einzuführen, falls diese noch nicht bekannt sind. Es handelt sich hier um ein *ordinales Merkmal*. Im Gegensatz zu *nominalen* Merkmalen haben die Würfelwerte eine Ordnung. In folgender Zeile sind die Wurfwerte nach diesem „Ranking" in aufsteigender Reihenfolge geordnet:

$$(31, 32, 41, 42, 43, 51, 52, 53, 54, 61, 62, 63, 64, 65, 11, 22, 33, 44, 55, 66, 21)$$

Die verschiedenziffrigen Wurfwerte sind die schlechtesten, geordnet nach Größe des Wertes. Eine Ausnahme ist das „Mäxchen", welches den besten Wert darstellt. Dazwischen liegen die Paschs, ebenfalls nach Größe geordnet. Anders als bei reellen Merkmalen kann aber keine Aussage gemacht werden, um wie viel ein Merkmal höher steht als ein anderes (Abstandsbegriff).
Für die Ordnung der Werte wird die Funktion Y benötigt:

$$Y : \{31, 32, 41, 42, 43, 51, 52, 53, 54, 61, 62, 63, 64, 65,$$
$$11, 22, 33, 44, 55, 66, 21\} \to \{1, ..., 21\} :$$
$$31 \mapsto 1; \ 32 \mapsto 2$$
$$41 \mapsto 3; \ 42 \mapsto 4; \ 43 \mapsto 5$$
$$51 \mapsto 6; \ 52 \mapsto 7; \ 53 \mapsto 8; \ 54 \mapsto 9$$
$$61 \mapsto 10; \ 62 \mapsto 11; \ 63 \mapsto 12; \ 64 \mapsto 13; \ 65 \mapsto 14$$
$$11 \mapsto 15; \ 22 \mapsto 16; \ 33 \mapsto 17; \ 44 \mapsto 18; \ 55 \mapsto 19; \ 66 \mapsto 20$$
$$21 \mapsto 21$$

Wir definieren nun ein neue Zufallsvariable $Z := Y \circ X$, welche einem Elementarereignis direkt sein Ranking zuordnet:

$$Z : \{(\omega_1, \omega_2) : \omega_1, \omega_2 \in \{1, ..., 6\}\} \to \{1, ..., 21\} :$$
$$(1, 3) \mapsto 1; (3, 1) \mapsto 1; \ (2, 3) \mapsto 2; (3, 2) \mapsto 2$$
$$(1, 4) \mapsto 3; (4, 1) \mapsto 3; \ (2, 4) \mapsto 3; \ (4, 2) \mapsto 4; \ (3, 4) \mapsto 5; (4, 3) \mapsto 5$$
$$(1, 5) \mapsto 6; (5, 1) \mapsto 6; \ ...$$
$$...$$
$$(1, 1) \mapsto 15; \ (2, 2) \mapsto 16; \ (3, 3) \mapsto 17; \ (4, 4) \mapsto 18; \ (5, 5) \mapsto 19; \ (6, 6) \mapsto 20$$
$$(1, 2) \mapsto 21; (2, 1) \mapsto 21$$

Das *funktionale Denken* als *fundamentale Idee* kommt hier sowohl beim Begriff der Zufallsvariable als auch bei der Hintereinanderausführung von Funktionen zum Tragen (siehe Abschnitt 3.2).

In Abbildung 1 ist ein Barplot über die Wahrscheinlichkeiten der möglichen Wurfwerte dargestellt. Damit können die bisher behandelten Inhalte als Ergebnissicherung zusammengefasst werden.

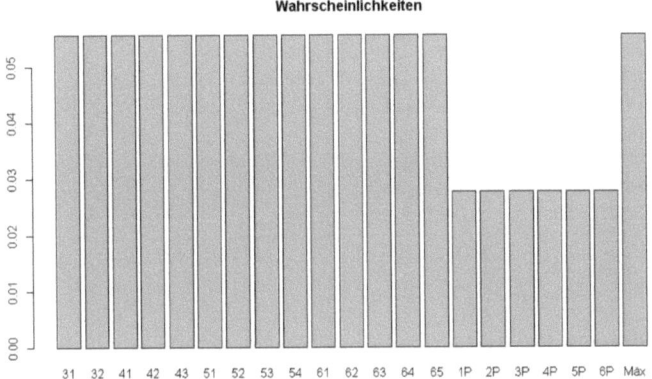

Abbildung 1: Barplot: Wahrscheinlichkeiten der möglichen Wurfwerte

In diesem Zusammenhang wird in einigen Schulbüchern vor der Einführung der Verteilungsfunktion die **Verteilung** oder **Wahrscheinlichkeitsfunktion** einer diskreten Zufallsvariable eingeführt: [7]

$$\mathbb{P}_Z : Z(\Omega) \to [0,1] : z \mapsto \mathbb{P}(Z^{-1}(\{z\}))$$

Dies ist aber bei Verwendung der nachfolgenden Notation nicht zwingend notwendig.

2.5 Verteilungsfunktion

Für die Einführung der Verteilungsfunktion eignet sich das Würfelspiel „Mäxchen" besonders gut. Dafür ist eine vorherige Einführung des Begriffes „Verteilung oder Bildmaß" nicht unbedingt notwendig. Die Verteilungsfunktion der Zufallsvariable Z ist von besonderem Interesse. Bei der Überlegung, ob man „glauben" und damit neu würfeln soll, stellt sich die grundlegende Frage:
Wie groß ist bei dem gerade angesagten Wurfwert die Wahrscheinlichkeit, dass ich nach dem Würfeln „lügen" muss?
oder anders formuliert:
Wie groß ist die Wahrscheinlichkeit, dass das Ranking meines Wurfes $Z(\omega)$ das aktuelle Ranking z nicht übertrifft?

$$\mathbb{P}(Z \leq z) = \mathbb{P}(\{\omega \in \Omega : Z(\omega) \leq z\}) = \mathbb{P}(Z^{-1}((-\infty, z])) =:$$
$$=: F_Z(z)$$

Diese Wahrscheinlichkeit entspricht nun aber gerade der Verteilungsfunktion der Zufallsvariable Z:

$$F_Z : \mathbb{R} \to [0, 1] :$$
$$z \mapsto F_Z(z)$$

$F_Z(z)$ von Z. Wir können also die Wahrscheinlichkeit, nach dem Wurf „lügen" zu müssen direkt am Graph der Verteilungsfunktion ablesen. Erziele ich nämlich einen Wurfwert, der im Ranking schlechter oder gleich dem angesagten Wurfwert ist, so muss ich „lügen". [2]

Der Graph der Verteilungsfunktion (siehe Abbildung 2) macht auf anschauliche Weise deutlich, wie das Risiko, „Lügen" zu müssen mit der Ranking des angesagten Wurfwertes steigt. Ebenso werden die Grenzwerte mit $F_Z(z) = 0$ und $F_Z(z) = 1$ klar:
Darf ich die Runde beginnen, so gibt es keinen angesagten Wurfwert. Das Ranking des angesagten Wurfwertes Z gleich 0. Die Wahrscheinlichkeit, dass ich „lügen" muss ist 0, es ist sicher, dass ich nicht „lügen" muss.
Wird ein „Mäxchen", also der Wurfwert 21 und damit $Z = 21$ angesagt, so kann ich dies mit Sicherheit nicht mehr überbieten. Daher wird in diesem Fall klarerweise das Ergebnis „angezweifelt".
Anhand dieser Verteilungsfunktion können nun einige Fragestellung beantwortet werden. Als Übung bietet sich hier beispielsweise folgendes an:

Der Vorgänger sagt einen 6-er Pasch an. Wie hoch ist die Wahrscheinlichkeit, dass ich nach dem Würfeln lügen muss?
Das Ranking des 6-er Pasch ist $Z(66) = 20$. Also gilt:

$$\mathbb{P}(Z \leq 20) = \mathbb{P}(\{\omega \in \Omega : Z(\omega) \leq z\}) = F_Z(20) = \frac{17}{18}$$

10

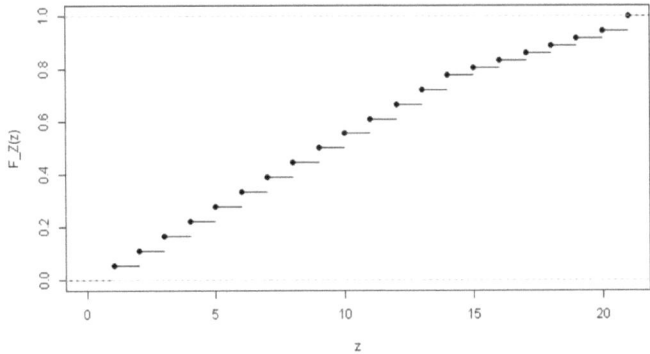

Abbildung 2: Wahrscheinlichkeitstheoretische Verteilungsfunktion

2.6 Quantile

Eine Kernfrage bei diesem Spiel ist folgende:
Ab welchem angesagten Wurfwert ist es nicht mehr sinnvoll, dem Vorgänger zu glauben und neu zu würfeln?
oder anders formuliert:
Ab welchem angesagten Wurfwert mit Ranking z beträgt die Wahrscheinlichkeit, dass ich nach dem Würfeln „lügen" muss (ich also nicht überbieten kann) mindestens 50%?

Diese Frage stellt eine Umkehraufgabe zu den vorherigen Fragestellungen dar. Gesucht ist also das kleinste Argument z für welches der Funktionswert der Verteilungsfunktion „erstmals" 0,5 erreicht. Dies ist das **50% - Quantil** $q_{0,5}$. Diese Begriffe können an dieser Stelle eingeführt werden. Zur Lösung der Fragestellung ist dies aber nicht zwingend notwendig.

$$q_{0,5} := inf\left\{z : F_Z(z) \geq 0,5\right\} = 9$$

Hier wird klar, dass die Schüler sicher mit Funktionen umgehen können sollen. Die Schüler können erst das 50-% Quantil aus dem Graphen der Verteilungsfunktion entnehmen. Dann kann zudem folgendermaßen argumentiert werden:
Die Wahrscheinlichkeit für die Ereignisse bis zu $q_{0,5}$ beträgt 1/18. Wird die Wahrscheinlichkeit von 9 solcher Ereignisse aufsummiert, so erhält man 0,5. $q_{0,5}$ ist also 9. Der dazugehörige Wurfwert $Y^{-1}(9) = 54$, die dazugehörige Ereignismenge $Z^{-1}(9) = \{(4,5),(5,4)\}$.
Wie sollte ich mich nun entscheiden, wenn der Vorgänger gerade 54 ansagt.

11

Nach obiger Überlegung liegt nun die Wahrscheinlichkeit, dass ich „lügen" muss gerade bei 50%. Die Wahrscheinlichkeit aber, dass mein Vorgänger bereits „lügen" musste ist geringer, da dieser 54 nicht überbieten musste, ich dagegen schon. In diesem Fall wäre es also noch besser zu „glauben".

Diese Überlegung verdeutlicht nochmals, dass es sich um eine diskrete Zufallsvariable handelt, und daher ihre Verteilungsfunktion nicht stetig ist.

3 Didaktisches Konzept

3.1 Lehrplanbezug

Die Thematik des Wahrscheinlichkeitsbegriffes kommt im Lehrplan Mathematik der AHS in der 6. Klasse vor. Dort findet man unter „Stochastik" folgendes: *Auffassen der Wahrscheinlichkeit als relative Anteile, relative Häufigkeit, subjektives Vertrauen.*
Im Lehrplan der 7. Klasse kommen Themen vor, welche diskrete Zufallsexperimente beinhalten:
Diskrete Zufallsvariable und diskrete Verteilung.
Zusammenhänge zwischen relativen Häufigkeitsverteilungen und Wahrscheinlichkeitsverteilungen.
Arbeiten mit diskreten Verteilungen in anwendungsorientierten Bereichen.

3.2 Didaktische Prinzipien und fundamentale Ideen

Das vorliegende Konzept soll auf moderat konstruktivistischen Lerntheorien aufgebaut werden. Dafür wird die Theorie des *Conceptual-Change* verwendet. Nach dieser Theorie liegen bereits vor dem Lernprozess Schülervorstellungen vor, welche oftmals nicht korrekt sind. Diese stark gefestigten Vorstellungen lassen sich nicht komplett eliminieren und durch neue ersetzen. Stattdessen werden sie im Unterricht umgebaut und erweitert. Die Bereitschaft, ein solches Konzept zu verändern, erlangt der Lernende durch eine bewusst gesetzte „Irritation" oder Unstimmigkeit bzw. Unzufriedenheit mit dem vorhandenen Wissen (siehe Abschnitt 2.3). Sobald das Interesse und die Aufmerksamkeit des Schülers geweckt ist, kann erweiterndes Wissen erworben werden. Dieses wird am Ende des Lernprozesses unbewusst auf Plausibilität und Nützlichkeit überprüft und mit dem alten Konzept verglichen. Der Schüler sollte erkennen, dass die anfängliche subjektive Einschätzung der Wahrscheinlichkeit nicht mit der theoretisch ermittelten Übereinstimmt. Außerdem erkennt er beispielsweise die Nützlichkeit der Verteilungsfunktion bei der Einschätzung der Gewinnchancen. [5]

Dem Konzept liegen *fundamentalen Ideen* nach Schweiger zugrunde. Funktionales Denken tritt besonders im Zusammenhang mit dem Begriff der Zufallsvariable auf. Die Schüler haben im Laufe der Schulzeit meistens mit Funktionen mit den reellen Zahlen als Definitionsbereich zu tun. Der Definitionsbereich der Zufallsvariablen ist aber die Grundmenge Ω eines Zufallsexperimentes. Der allgemeine Funktionsbegriff wird hier also im Sinne des Vertikalkriteriums (Spiralcurriculum) nochmals aufgegriffen. An dieser Stelle wird auch der vielseitige Einsatz des funktionalen Denkens im Sinne des Horizontaltkriteriums ersichtlich. Den Schülern wird anhand des Beispiels auch der Sinn von Funktionen (Sinnkriterium) deutlich.
Das Veranschaulichen als fundamentale Idee wird bei der graphischen Darstellung anhand von Barplots und den Graphen der Verteilungsfunktionen ersichtlich. Die fundamentale Idee des Abschätzens kommt beim Vergleich des

subjektiven Vertrauens, des frequentistischen und des wahrscheinlichkeitstheoretischen Wahrscheinlichkeitsbegriffes zum Tragen. Diese Zusammenhänge sollen durch das Sampling weiter verdeutlicht werden. [1]

3.3 Zugang

Diese Arbeit zeigt eine Möglichkeit, wahrscheinlichkeitstheoretische Begriffe in der Schule sukzessive anhand eines konkreten Beispiels einzuführen. Dabei wird das Würfelspiel zunächst vorgestellt und es werden Fragestellungen dazu formuliert. Während versucht wird, diese Fragestellungen zu lösen, werden die dafür notwendigen Begriffe eingeführt und das theoretische Wissen dafür erarbeitet.

Diese Methode kann der **exemplarischen Methode** nach Wagenschein zugeordnet werden. Das Exemplarische wird in diesem Kontext als Bildungsprinzip sowie als stoffliches Auswahlprinzip gesehen. Durch das Exemplarische kann die Aufmerksamkeit der Schüler auf das Thema gelenkt werden. Nach Wagenschein zeigt das Exemplarische die Funktionsziele des Fachs auf und strahlt auf das Allgemeine aus.

Die Herangehensweise kann auch als **problemorientierte Methode** gesehen werden. Ein hierfür verwendetes Problem soll verallgemeinerungsfähig sein und interessante Fragestellungen in verschiedenen Schwierigkeitsbereichen ermöglichen. Diese dürfen auch zu falschen Ansätzen verführen. [4]

Ein klarer **Vorteil** dieses Zugangs liegt darin, dass die Schüler durch das Beispiel die Funktionsziele des Fachs besser erfassen können und eine direkten Bezug zur Realität erkennen. Damit kann der Zusammenhang zwischen den im Lehrplan erwähnten Begriffen „relative Häufigkeit" und „subjektives Vertrauen" verdeutlicht werden. Um diesen Bezug noch zu verstärken, können bestimmte Situationen auch unmittelbar als echtes Experiment erfahrbar gemacht werden. Damit wird das didaktische Grundprinzip „*Vom Einfachen zum Schwierigen*" berücksichtigt. Vom Beispiel, wird zum Allgemeinen geschlossen. Besonders die Begriffe „Zufallsvariable" und „Verteilungsfunktion" lassen sich an diesem Beispiel besonders gut erklären und veranschaulichen.

Als **Nachteil** kann gesehen werden, dass so über einen längeren Unterrichtszeitraum das selbe Beispiel als Kernthema im Mittelpunkt steht. Unter bestimmten Umständen könnte eine größere Vielfalt von Beispielen günstiger sein. Natürlich können bei Lernschwierigkeiten nach dem Einführen der Begriffe andere kleinere Beispiele dazu behandelt werden, ohne allerdings das Würfelspiel „*Mäxchen*" als übergeordnetes Element aus dem Auge zu verlieren. Das Beispiel eignet sich nicht, um den Begriff des Erwartungswertes einzuführen. Ebenso können kontinuierliche Zufallsvariable und verschiedene Verteilungen damit nicht behandelt werden.

3.4 Voraussetzungen

Im Sinne des Spiralcurriculums wird mit diesem Konzept bereits Bekanntes aufgegriffen und weiter entwickelt. Die Schüler sollten daher folgenden Voraussetzungen mitbringen:

- Erfahrungen mit Mengen und Teilmengen

- Sicherer Umgang mit Funktionen

- Erfahrung mit Würfelspielen und intuitive Einschätzung von Wahrscheinlichkeit und Zufall

- Etwas Erfahrung mit Kombinatorik (am besten aus den Unterrichtsstunden zuvor)

3.5 Lernziele

Kognitiv

- Das Zufallsexperiment mit seinen unsicheren Ausgängen kennen lernen.

- Dem (endlichen) Wahrscheinlichkeitsraum zum Modellieren von Zufallsexperimenten begegnen.

- Die frequentistische Interpretation des Wahrscheinlichkeitsbegriffes verstehen und Unterschiede zur Wahrscheinlichkeit als subjektives Vertrauen erkennen.

- Den Begriff der Zufallsvariable kennen und verstehen lernen.

- Nominale, ordinale und reelle Merkmale unterscheiden lernen.

- Den Begriff der Verteilungsfunktion an einem dafür geeigneten Beispiel erfassen.

- Den Begriff Quantil kennen lernen.

Anhand des Konzeptes werden folgende Begriffe der Wahrscheinlichkeitstheorie eingeführt und die Theorie dazu erarbeitet: Zufallsexperiment, Wahrscheinlichkeitsraum, Zufallsvariable, ordinale Merkmale, Verteilungsfunktion, Quantil.

Des Weiteren sollen die Schüler lernen, wie man an wahrscheinlichkeitstheoretische Fragestellungen herangeht und diese lösen kann.

Affektiv

- Faszination, Aussagen über Zufallsexperimente treffen und bewerten zu können. Interesse für die Stochastik wecken.

- Bezug der Wahrscheinlichkeitstheorie zum Alltag erkennen.

Psychomotorisch

- Den Vorgang des Würfelns als Durchführung eines Zufallsexperimentes erfahren.

- Bei wiederholtem Ausführen (*Sampling*) die relative Häufigkeit der Ausgänge subjektiv wahrnehmen und einen intuitiven Zugang zum Wahrscheinlichkeitsbegriff erlangen.

Das *funktionale Denken* als *fundamentale Idee* ist zu einem gewissen Grad Voraussetzung. Durch die Anwendung und dem Arbeiten damit stellt es aber auch ein übergeordnetes Lernziel dar. Im Sinne des *Conceptual-Change* wird das Verständnis von Funktionen aufgegriffen und weiter ausgebaut.

4 Sampling

4.1 Frequentistische Interpretation der Wahrscheinlichkeit

In der Schule wird der Bergriff der Wahrscheinlichkeit meistens frequentistisch interpretiert. Demnach kann die Wahrscheinlichkeit als relative Häufigkeit verstanden werden, wenn das Zufallsexperiment „sehr oft" durchgeführt wird. Nach dem *empirischen Gesetzt der großen Zahlen* geht die Folge der relativen Häufigkeit eines Ereignisses „konvergenzartig" gegen seine Wahrscheinlichkeit geht. So geht beim Würfeln mit einem Würfel die relative Häufigkeit des Ereignisses $\{6\}$ bei häufigem Würfeln gegen seine Wahrscheinlichkeit $\mathbb{P}(\{6\}) = \frac{1}{6}$. Für das Würfeln mit einem Würfel ist dieser Sachverhalt in Abbildung 3 dargestellt.

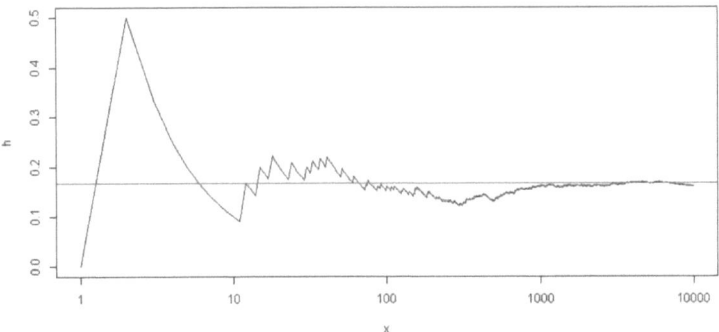

Abbildung 3: relative Häufigkeit der „sechs" bei mehrmaligem Würfeln

Im Unterricht empfiehlt sich zunächst, *Samplings* mit kleinerem Umfang als echtes Zufallsexperiment durchzuführen. Dies nimmt zwar etwas Zeit in Anspruch, stellt aber einen Bezug zur Realität dar. Außerdem kann dadurch nochmals der Unterschied zwischen Ereignis und Zufallsvariable verdeutlicht werden. Samplings mit größerem Umfang können mit Technologieeinsatz durchgeführt werden. Hier wird dafür das Programm *R* verwendet. Es geht hier primär nicht darum, dass die Schüler das Programm selbst bedienen. Stattdessen kann die Lehrperson *Samplings* vorführen. Schüler mit Vorerfahrung im Programmieren können natürlich auch selbst *Samplings* in *R* durchführen.

4.2 Relative Häufigkeit und Barplot

Anhand des *Samplings* und daraus erstellten Diagrammen kann verdeutlicht werden, was mit „sehr oft" gemeint ist. Die Schüler sollten nun die Ergebnisse interpretieren. Natürlich können die Schüler derartige Samplings selbst erstellen.

Ein Beispiel hierfür wäre ein Barplot über die relativen Häufigkeiten der verschiedenen Wurfwerte. Intuitiv wäre zu erwarten, dass ein Barplot eines *Samplings* in etwa jenem in Abbildung 1 gleicht. Abbildungen 4 bis 6 zeigen Barplots mit Umfang n von 100, 1000 und 1000 Wiederholungen.

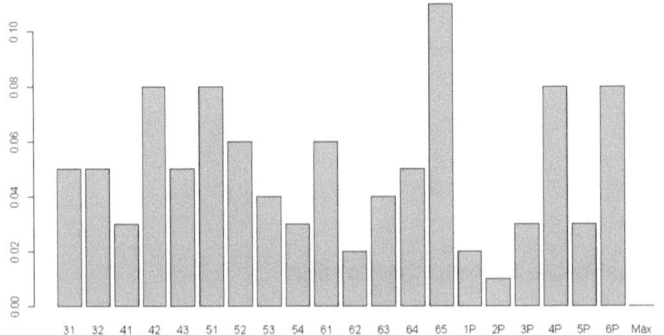

Abbildung 4: Barplot, Umfang $n = 100$

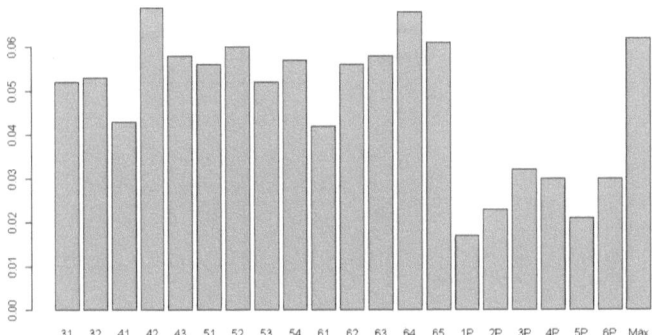

Abbildung 5: Barplot, Umfang $n = 1000$

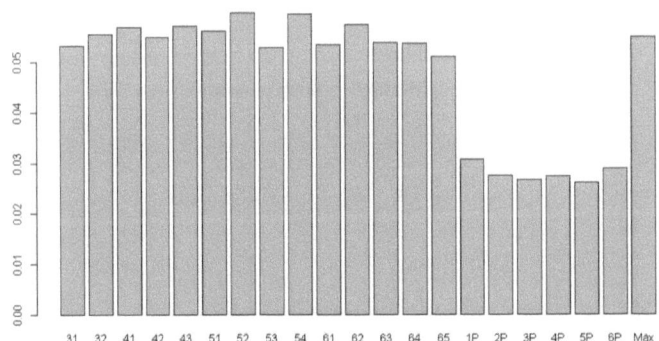

Abbildung 6: Barplot, Umfang $n = 10000$

Bei 100 Wiederholungen sind noch große Schwankungen in der relativen Häufigkeit zu sehen.

Bei 1000 Wiederholungen lassen sich aus den relativen Häufigkeiten bereits die Wahrscheinlichkeiten erahnen. So kann man bereits erkennen, dass Paschs seltener auftreten.

Bei 10000 Wiederholungen zeichnet sich schon ein deutliches Bild ab. Man kann erkennen, dass die Wahrscheinlichkeit für die Paschs nur halb so groß ist wie für die restlichen Wurfwerte.

4.3 Empirische Verteilungsfunktion

Neben dem Barplot kann auch die empirische Verteilungsfunktion mit der wahrscheinlichkeitstheoretischen (siehe Abbildunge 2) verglichen werden. In nachstehender Abbildunge 7 ist die empirische Verteilungsfunktion des *Samplings* mit Umfang $n = 100$ dargestellt.

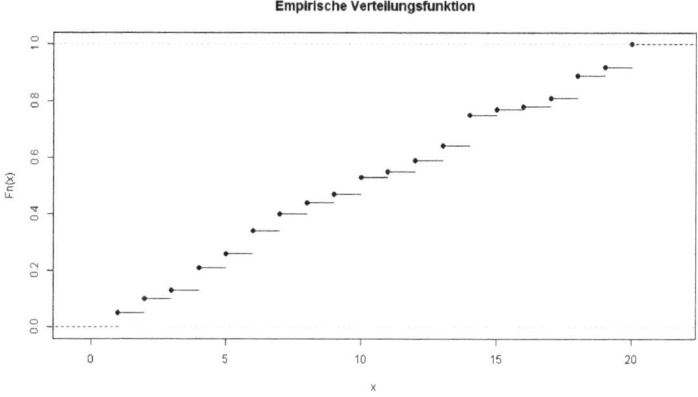

Abbildung 7: Empirische Verteilungsfunktion (n=100)

20

4.4 Median

Auch der Median aus den *Samplings* kann mit dem theoretischen 50%-Quantil verglichen werden:
Bei unserem Sampling nahm der Median folgende Werte an:
$n = 100$: 61
$n = 1000$: $57,5$
$n = 10000$: 54

An dieser Stelle sollte natürlich erwähnt werden, dass bei mehrmaliger Durchführung des *Samplings* die Ergebnisse unterschiedlich ausfallen. Man kann hier aber erkennen, dass selbst ein Spieler, der 1000 Würfe gesehen hat mit seinem intuitiven, aus der Erfahrung abgeleiteten Median weit daneben liegen kann. Hier zeigt sich den Schülern nochmals der Vorteil wahrscheinlichkeitstheoretischer Überlegungen gegenüber der Statistik: Die Schüler sollten verstehen, dass Erfahrung und Ergebnisse durch „Ausbprobieren" nicht wahrscheinlichkeitstheoretische Erkenntnisse ersetzen können.

5 Erfahrungsbericht zur Realisierung in der Praxis

Im Rahmen des Fachpraktikums der *School of Education* hatte ich die Möglichkeit, das vorliegende Didaktische Konzept an der HTL Innsbruck beim Betreuungslehrer Prof. Wolfgang Meisinger in die Praxis umzusetzen. Hier wird für dieses Fallbeispiel auf Rahmenbedingungen, Planung und Reflexion der Unterrichtseinheit eingegangen.

5.1 Rahmenbedingungen

Die Klasse 5BHET wird für den Stochastik-Unterricht in zwei Gruppen eingeteilt, die sich wöchentlich abwechseln. Ich hatte die Möglichkeit, in der ersten Gruppe am 24.11. zu hospitieren. Dabei wirkten die Schüler besonders reif, nahezu erwachsen. Sie beteiligten sich am Unterricht und begriffen die Lerninhalte rasch. Die Stunde verlief nahezu ohne irgendwelche Störungen. Eine Woche später konnte ich ähnliche Inhalte mit der 2. Gruppe behandeln. Bei der Durchführung dieser Doppelstunde orientierte ich mich inhaltlich an dem, was ich in der Hospitationsstunde gesehen hatte. In der Doppelstunde erarbeiteten wir anhand des Schulbuches [8] einige Grundbegriffe der Wahrscheinlichkeitsrechnung: Zufallsexperiment, Wahrscheinlichkeit, das Rechnen mit Wahrscheinlichkeiten und mehrstufige Zufallsexperimente. Ich ließ die Schüler Auszüge aus dem Schulbuch selbstständig lesen. Dann stellte ich Rückfragen. Einige Zufallsexperimente durften die Schüler in Partnerarbeit selbst durchführen. Wir erarbeiteten gemeinsam einige Rechenaufgaben. Ich fand, dass Glücksspiele wie *„Lotto 6 aus 45"* oder *„die Wette des Chevalier"* die Schüler besonders interessierten. Zur Veranschaulichung des „empirischen Gesetzes der Großen Zahlen" zeigte ich den Schülern ein Sampling zum Würfeln mit einen Würfel (siehe Abschnitt 4.1). In dieser vorangehenden Doppelstunde wurden also schon ähnliche Inhalte wie die der Abschnitte 2.1 und 2.2 behandelt.

Diese Doppelstunde stellte die Basis für die folgende Doppelstunde zum Thema *„Würfelspiel Mäxchen"* dar.

5.2 Stundenplanung

Das vorliegende Konzept ist eigentlich für eine längere Stundenserie ausgelegt, dessen Umfang je nach Vorwissen situationsgerecht angepasst werden sollte. Ich hatte aufgrund der Rahmenbedingungen nur eine Doppelstunde zur Verfügung. Mir war bereits bei der Planung bewusst, dass trotz des Vorwissens der Schüler die Zeit für die anspruchsvollen Inhalte doch recht knapp bemessen war. Allerdings konnte ich von den motivierten Schülern einen hohen Anteil an echter Lernzeit erwarten.

Als Einstieg sollten die Inhalte der vorherigen Doppelstunde nochmals wiederholt werden. Außerdem sollten Baumdiagramme kurz angesprochen werden. Dann wollte ich den Schülern das Spiel kurz erklären. Anschließend sah ich eine Phase vor, in der das Spiel ausprobiert werden kann. Die Erarbeitung der einzelnen Inhalte sollte in Partnerarbeit alternierend mit Abschnitten der Ergebnissicherung an der Tafel bzw. mit dem Beamer erfolgen. Als Abschluss sollte den Schülern ein Einblick in das Sampling gegeben werden.

Auf der folgenden Seite ist das Stundenbild für die Stochastik-Doppelstunde abgebildet.

	WANN **Zeit**	**WAS** **Inhalt**	**WIE** **Methode**	**WARUM** **Ziele**	**WOMIT** **Medien** **etc.**
Einstieg	2 Min.	Zufallsexperiment und neue Themen kurz ansprechen, Impulse	Lehrerinput, Rückfragen	Klasse aufmerksam machen, Interesse testen, Vorwissen reaktivieren	Mündlich, Material zeigen
Einstieg	5 Min.	Das Spiel „Mäxchen" erklären. Baumdiagramme.	Lehrerinput	Basis für die Stundenserie. „Aufhänger" für die Erarbeitung	Mündlich, Vorzeigen, evtl. Tafel
Einleitung	7 Min.	Das Spiel „Mäxchen" ausprobieren. Fragestellungen sammeln.	Die Schüler probieren das Spiel in einer Sitzrunde aus. Auffälliges bzw. Fragen aufschreiben.	Spiel genauer verstehen. Wahrscheinlichkeiten intuitiv wahrnehmen	2 unterscheidbare Würfel, Becher, Bierdeckel. Blätter
Erarbeitung (alternierend)	10 Min.	Zufallsvariable Wurfwertfunktion $X : \Omega \to R$	Partnerarbeit: mathematische Beziehung finden	Zufallsvariable als Funktion erkennen.	Übungsheft
Erarbeitung (alternierend)	10 Min.	Eigenschaften nominal, ordinal und reell. Beispiele. Zufallsvariable Rankingfunktion	Zufallsvariable (darunter die vorherige) den Eigenschaften zuordnen.	Erkennen, dass es unterschiedliche ZV gibt.	Übungsheft
Erarbeitung (alternierend)	10 Min.	Wahrscheinlichkeitsfunktion (Verteilung) und Barplot	Die Schüler ermitteln die Wahrscheinlichkeiten als Übung. Erstellen eines Barplots	Üben und anwenden der Inhalte der letzten Stunde an diesem Beispiel	Übungsheft
Erarbeitung (alternierend)	15 Min	Verteilungsfunktion und ihr Bedeutung im Spiel „Mäxchen"	Lehrer-Schüler-Gespräch: Wie hoch Wahrscheinlichkeit, beim nächsten Wurf „lügen" zu müssen?	Hinführen auf die Verteilungsfunktion.	Übungsheft
Erarbeitung (alternierend)	10 Min	Quantile insbesondere 50%-Quantil	Überlegung: Wann neu würfeln nicht mehr sinnvoll?	Hinführen zum Begriff des Quantils.	Übungsheft
Erarbeitung (alternierend)	10 Min	Beispiel: Wie hoch Wahrscheinlichkeit, dass ich als 2. Würfler bereits lügen muss?	Think - Pare - Share	Verbinden aus dem neuen Inhalt und Bekanntem (Mehrstufige Zufallsexperimente)	Übungsheft
Abschluss	10 Min	Sampling	Erklären und vorbereitete Samplings am Laptop vorzeigen. Diskutieren.	Zufallsexperiment und Zufallsvariable durchführen	Beamer, Laptop
Ergebnissicherung	alternierend mit den Erarbeitungsphasen	Inhalte aus der Erarbeitung konkretisiert und gebündelt	Schüler-Lehrer Interaktion. Gemeinsames „Erarbeiten"	Inhalte korrekt sammeln und festhalten. Unklarheiten beseitigen.	Tafel, mündlich, Theorie - Heft

5.3 Reflexion der Unterrichtseinheit

Am Tag, an dem die Doppelstunde durchgeführt werden sollte fehlten einige Schüler aufgrund von Vorbereitungen für einen Ball. Daher war die Gruppe mit 7 Schülern vergleichsweise klein. Ich empfand es aber als sehr angenehm, dieses doch recht anspruchsvolle Thema mit einer etwas kleineren Gruppe behandeln zu können. Die Schüler verhielten sich von Beginn an sehr aufmerksam und interessiert. Zum Einstieg in das Thema setzten wir uns an einen Tisch und spielten einige Runden *Mäxchen*. Die Regeln des Spiels waren erst unklar; jedoch begriffen die Schüler diese im Laufe des Spieles. Für die Schüler war ein derartiger Mathematikunterricht ungewohnt. Sie nahmen die Abwechslung aber gerne an. Bei der Einführung gelang es mir, bei den Schülern im Sinne des *Conceptual Change* das Interesse zu wecken. Einige Schüler erkannten bereits zu diesem Zeitpunkt, dass die Wahrscheinlichkeit für das Mäxchen größer ist als beispielsweise für den 1-er Pasch, was bei den anderen die gewünschte „Irritation" auslöste. Die Schüler stellten selbst die Frage nach einer wahrscheinlichkeitstheoretisch geschickten Spielstrategie. Ich hatte für die Einführung der Begriffe Zufallsvariable und Verteilungsfunktion einen geführten, aber doch selbstständigen Unterricht geplant. Ich merkte aber bald, dass es die Schüler nicht gewohnt waren, theoretische Sachverhalte selbst zu erarbeiten. Außerdem waren die Zusammenhänge zwischen Spiel und Theorie doch etwas komplex und für die meisten nicht auf Anhieb erkennbar. Daher erarbeiteten wir die schwierigen Teile in einer Art Lehrer-Schüler-Gespräch. Die Schüler blieben aber trotz der anspruchsvollen Inhalte sehr konzentriert und versuchten, dem Unterricht weiter zu folgen. Der Einsatz des Beamers zeigte sich als sehr nützlich. Hiermit konnte ich Diagramme und Sapmplings (siehe Abschnitt 4.2 und 4.3) präsentieren. Mir wurde während der Stunde klar, dass die Zeit für den Umfang der geplanten Inhalte doch sehr knapp bemessen war. Ich schlug den Schülern vor, bei der nächsten Stunde Fragen vorzubringen um so Unklarheiten beseitigen zu können. Den Schülern gefiel es, theoretische Sachverhalte an einem für sie „greifbaren" Beispiel zu erarbeiten. Ich persönlich finde, dass mir die Umsetzung des Konzeptes gut gelungen ist.

5.4 Feedback des Betreuungslehrers

Herrn Stecher ist es gelungen, durch eine nicht ganz triviale Aufgabenstellung zum Thema Stochastik die Aufmerksamkeit der Schüler zu gewinnen und sie so zu einer regen Mitarbeit zu ermuntern. Daran hatten auch praktische Übungen in Schülergruppen einen großen Anteil. Anhand dieser praxisnahen Aufgabe wurden einige wichtige Begriffe erarbeitet, wobei Herr Stecher immer wieder auf Fragen der Schüler einging. Die gewissenhafte Vorbereitung und sein profundes Wissen ermöglichten einen recht ertragreichen Unterricht.

Literatur

[1] Fuchs, Karl / Krahler, Christian: *Einführung in die Didaktik der Mathematik und Informatik.* Unterlagen zur Vorlesung. Universität Innsbruck, 2015.

[2] Hell, Tobias: *Einführung in die Stochastik. Wahrscheinlichkeitstheorie und Statistik mit R.* Skriptum zu den Vorlesungen Stochastik 1 und Statistik. Universität Innsbruck, 2015/2016.

[3] Hell, Tobias / Stampfer, Florian: *Analysis und Stochastik in der Schule.* Skriptum zur Vorlesung Analysis und Stochastik in der Schule. Universität Innsbruck, 2015.

[4] John, Jürgen G.: *Methoden des Mathematikunterrichts 1.* Unterlagen zur Vorlesung. Universität Innsbruck, 2014/2015.

[5] Krüger, Dirk: *Die Conceptual Change Theorie.* Kapitel 5 in: Theorien in der biologiedidaktischen Forschung. Springer Verlag. Heidelberg, 2007.

[6] Pahl, Maximilian: *Welt der Würfel, Mäxchen.* Mainz, 2015. Online: http://www.welt-der-wuerfel.de/maexchen/. Zugriff: 15.01.2016.

[7] Pauer, Franz / Scheirer-Weindorfer, Martina / Simon, Andreas / Stadler, Heinz: *Mathematik HAK 5.* Schülerbuch. 13. Schuljahr. Österreichischer Bundesverlag Schulbuch. Wien, 2014.

[8] Timischl, Wolfgang / Kaiser, Gerald: *Ingenieur-Mathematik 4.* Schülerbuch für den 4. - 5. Jahrgang an der HTL. Verlag E. Dorner. Wien 2015.

6 Anhang

6.1 R-Code für das Sampling

```
# Mäxchen: Jede Runde wird aus Wurf mit 2 Würfel Punktezahl ermittelt#
w<-sample (1:6,2) # wurf mit zwei Würfel #
p <- max(w)*10+min(w) # Punktewertung dieses Wurfes #

# Wiederhole Runde viele Male #
nreps  <- 100
p <- rep(0, nreps) # Erstellung eines nrep-tupels #

for (j in 1:nreps) {
  cat("j=",j,"\n")
    w<-sample (1:6,2, replace = TRUE) # wurf mit zwei Würfel #
    if (w[1] == w[2]) { # Situation Pasch #
      p[j] <- 100+w[1]*10+w[2]} # es wird zum Pasch 100 addiert #
    else {  # Situation kein Pasch #
      p[j] <- max(w)*10+min(w) # es wird die Punktzahl nach ZV gebildet #
      if (p[j] == 21) { # Situation Mäxchen (höchste Wertung) #
       p [j] <- 200+p[j]} # es wird zur 21 200 addiert #
      else{p[j]=p[j]}
      }
}

pf=factor(p) # Vektor p ordnen #
levels(pf)[15:21]=c("1P","2P","3P","4P","5P","6P","Mäx") # Einträge benennen #
levels(pf)
punkte = factor(c(31,32,41,42,43,51,52,53,54,61,62,63,64,65,11,22,33,44,55,66,21))
levels(punkte) = c(31,32,41,42,43,51,52,53,54,61,62,63,64,65,11,22,33,44,55,66,21)

barplot(summary(pf)/nreps)

Fn=ecdf (pf) # Empirische Verteilungsfunktion #
plot(Fn, main="Empirische Verteilungsfunktion")
summary(p)
M <- median(p)
M

# Wahrscheinlichkeitstheoretisch (kein Sampling) #
z = c(31,31,32,32,41,41,42,42,43,43,51,51,52,52,53,53,54,54,61,61,62,62,63,63,64,64,65,65,
111,122,133,144,155,166,221,221)
zf=factor(z) # Vektor x ordnen #
levels(zf)[15:21]=c("1P","2P","3P","4P","5P","6P","Mäx") # Einträge benennen #
levels(zf)
F=ecdf (zf) # Verteilungsfunktion #
plot(F,main="Verteilungsfunktion (WK-theoretisch)",xlim=c(0,21),xlab="z",ylab="F_Z(z)")
barplot(summary(zf)/(36), main="Wahrscheinlichkeiten")
```